BEI GRIN MACHT SICH IHR WISSEN BEZAHLT

- Wir veröffentlichen Ihre Hausarbeit,
  Bachelor- und Masterarbeit

- Ihr eigenes eBook und Buch -
  weltweit in allen wichtigen Shops

- Verdienen Sie an jedem Verkauf

Jetzt bei www.GRIN.com hochladen
und kostenlos publizieren

Sven-David Müller

Die ketogene Diät und ihr möglicher Nutzen bei Krebserkrankungen

Kann eine fettreiche und kohlenhydratarme Ernährungsweise Krebspatienten wirklich helfen?

GRIN Verlag

Bibliografische Information der Deutschen Nationalbibliothek:

Die Deutsche Bibliothek verzeichnet diese Publikation in der Deutschen National-
bibliografie; detaillierte bibliografische Daten sind im Internet über http://dnb.d-
nb.de/ abrufbar.

Dieses Werk sowie alle darin enthaltenen einzelnen Beiträge und Abbildungen
sind urheberrechtlich geschützt. Jede Verwertung, die nicht ausdrücklich vom
Urheberrechtsschutz zugelassen ist, bedarf der vorherigen Zustimmung des Verla-
ges. Das gilt insbesondere für Vervielfältigungen, Bearbeitungen, Übersetzungen,
Mikroverfilmungen, Auswertungen durch Datenbanken und für die Einspeicherung
und Verarbeitung in elektronische Systeme. Alle Rechte, auch die des auszugsweisen
Nachdrucks, der fotomechanischen Wiedergabe (einschließlich Mikrokopie) sowie
der Auswertung durch Datenbanken oder ähnliche Einrichtungen, vorbehalten.

Impressum:

Copyright © 2014 GRIN Verlag GmbH
Druck und Bindung: Books on Demand GmbH, Norderstedt Germany
ISBN: 978-3-656-87505-5

Dieses Buch bei GRIN:

http://www.grin.com/de/e-book/287291/die-ketogene-diaet-und-ihr-moeglicher-
nutzen-bei-krebserkrankungen

GRIN - Your knowledge has value

Der GRIN Verlag publiziert seit 1998 wissenschaftliche Arbeiten von Studenten, Hochschullehrern und anderen Akademikern als eBook und gedrucktes Buch. Die Verlagswebsite www.grin.com ist die ideale Plattform zur Veröffentlichung von Hausarbeiten, Abschlussarbeiten, wissenschaftlichen Aufsätzen, Dissertationen und Fachbüchern.

Besuchen Sie uns im Internet:

http://www.grin.com/

http://www.facebook.com/grincom

http://www.twitter.com/grin_com

Die ketogene Diät und ihr möglicher Nutzens bei Krebserkrankungen

Kann eine fettreiche und kohlenhydratarme Ernährungsweise Krebspatienten wirklich helfen?

von Dr. h.c. (AM) Sven-David Müller, MSc., Deutsches Kompetenzzentrum Gesundheitsförderung und Diätetik e. V.

Nach aktuellen Angaben des Robert Koch-Instituts erkranken jährlich rund 425.000 Menschen in Deutschland neu an Krebs und jährlich sterben 210.000 daran. Seit 2000 hat die Zahl der Krebsdiagnosen um 30.000 Fälle zugenommen. 48,5 mal in der Stunde wird die Diagnose Krebs gestellt und knapp 24 Menschen verlieren jede Stunde den Kampf gegen ihr Krebsleiden! Krebserkrankungen haben in der Regel viele Ursachen. Die Entstehung von Krebserkrankungen steht in Zusammenhang mit der Ernährungsweise. Außerdem ist die Ernährungstherapie im Rahmen von Krebstherapien von besonderer Wichtigkeit. Hier ist besonders hervorzuheben, dass es keine Krebsdiät gibt, die Krebserkrankungen heilt oder für alle Krebspatienten gleichermaßen empfehlenswert ist. In jedem Falle aber spielt die Ernährung in der Prophylaxe und der Therapie von Krebserkrankungen eine bedeutende Rolle. Ernährung und Krebs ist ein vieldiskutiertes und umstrittenes Thema. Ein Zusammenhang zwischen der Ernährungsweise und dem Auftreten von Krebs konnte in den letzten Jahren in zahlreichen wissenschaftlichen Untersuchungen und Studien belegt werden. Eine Wunderwaffe gegen Krebs ist die Ernährung dennoch nicht. Krebserkrankungen gehören nicht zu den klassischen ernährungsbedingten Erkrankungen. Sie sind maximal ernährungsmitbedingt. Durch die Ernährungsweise besteht die Möglichkeit gegen bestimmte Krebsentitiäten vorzubeugen. Zudem spiel die Ernährungstherapie eine Rolle in der Krebstherapie. Viele Krebsdiäten sind unwissenschaftlich und fördern die Tumorkachexie. Seit einigen Jahren sind fettreiche und kohlenhydratarme Kostformen auf dem Vormarsch. In diesem Artikel wird der neue Boom von Krebsdiäten kritisch hinterfragt und der Stellewert der Ernährungsweise in Prophylaxe und Therapie von Krebserkrankungen beleuchtet. Bewiesen ist sich, dass das Essverhalten einen entscheidenden (?) Einfluss auf die Entstehung von einigen Krebserkrankungen haben kann (Tabelle 1). Die Deutsche Gesellschaft für Ernährung und die Deutsche Krebsgesellschaft lehnen bisher Krebsdiäten strikt ab und raten zu einer ausgewogenen Ernährungsweise, die den

Ernährungsnotwendigkeit in der Prophylaxe und Therapie von Krebserkrankungen Rechnung trägt. Diese Ernährungsweise ist laut den nationalen Fachgesellschaften jedoch keine fettreiche Ernährungsweise beziehungsweise eine ketogene Diät. Andererseits haben diese Kostformen eine lange Tradition. Wie beispielsweise die Öl-Eiweiß-Kost nach Apothekerin Johanna Budwig (*Öl-Eiweiß-Kost*, Hyperion-Verlag, Freiburg im Breisgau 1965). Momentan ist insbesondere die Transketolase-like-1 (TKLT1)-Ernährungsweise nach Coy (http://www.ncbi.nlm.nih.gov/pubmed/15991799?dopt=Abstract) envouge, die insbesondere auf der Warburg-Hypothese (http://www.ncbi.nlm.nih.gov/pmc/articles/PMC2361175/) fußt.

Ergebnisse wissenschaftlicher Studien mit Hinweisen auf ein erhöhtes Krebsrisiko

Faktor	förderte das Risiko von
Übergewicht, Verzehr von tierischen Fetten	Darm-, Prostatakrebs
Schimmelpilze (Aflatoxine)	Leberkrebs
Schadstoffe (Nitrosamine in gepökeltem Fleisch, Benzopyren in gegrilltem Fleisch, Schwermetalle in Innereien)	Mundhöhlen-, Magenkrebs
Alkohol	Mundhöhlen-, Speiseröhre-, Magen-, Brustkrebs
Kaffee	Blasenkrebs

Die Entstehung von Krebs ist aber natürlich nicht allein auf die Ernährungsweise zurückzuführen – wie auch das Ausschließen dieser Faktoren nicht sicher vor Krebs schützt. Die meisten Krebserkrankungen sind multifaktoriell bedingt. Ein Faktor der Entstehung einer Krebserkrankung kann auch die Ernährungsweise sein. Aber auch Faktoren wie Rauchen, Umweltverschmutzung, Arbeitsplatzbedingungen, Stress, Strahlung, Mikroorganismen oder erbliche Veranlagung können einen erheblichen Einfluss auf die Entstehung von Krebs ausüben. Auf der anderen Seite gibt es eine Vielzahl von Inhaltsstoffen, die das Risiko, an Krebs zu erkranken, beträchtlich senken können.

Ergebnisse wissenschaftlicher Studien mit Hinweisen auf ein vermindertes Krebsrisiko

Faktor	verminderte das Risiko von
Omega-3-Fettsäuren (in Fisch und Fischölen)	Darmkrebs
Olivenöl	Brustkrebs
Ballaststoffe	Darmkrebs
ß-Carotin (Vorstufe Vitamin A)	Lungen-, Prostata-, Harnblasen-, Mundhöhlen-, Speiseröhren- und Prostatakrebs
Vitamin C	Mundhöhlen-, Speiseröhren-, Magen-, Darmkrebs
Vitamin E	Lungen-, Magen-, Darmkrebs
Calcium	Dickdarmkrebs
Jod	Schilddrüsenkrebs
Selen, Zink	mehrere Krebsarten

Definition Krebserkrankung

Unter Krebs versteht man eine **bösartige Neubildung von Gewebe, die auch als Tumor bezeichnet werden kann.** Die häufigsten Krebsarten sind das **Karzinom** und das **Sarkom.** Ein Karzinom ist ein im Epithel entstehender, bösartiger (= maligner) Tumor. Ein Karzinom kann sich über Metastasierung (Verschleppung von Tumorzellen über den Blut- oder Lymphweg in nicht erkrankte Körperregionen mit dortiger Ansiedlung), über Lymphgefäße oder das Eindringen von Tumorzellen in den bindegewebsartigen Zwischenraum mit Ausbreitung auf umgebendes Gewebe und Organe im Körper ausbreiten. Ein Sarkom ist ebenfalls ein bösartiger Tumor, der sich vom mesenchymalem Gewebe (= embryonales Bindegewebe oder nicht epitheliales Gewebe des Keimlings) aus entwickelt. Dabei verbreitet er sich schon früh über die Blutbahn.[1]

Die **Krebsentstehung (Karzinogenese)** vollzieht sich in mehreren Stufen. Zunächst entsteht eine Mutation im Genom (= Gesamtheit der Gene eines Menschen) einer Zelle. Diese erste Phase wird auch Tumorinitiierung genannt. Nun folgt eine Latenzperiode, die 15 bis 20 Jahre andauern kann. Das Gewebe beginnt zu wuchern. In der letzten Phase manifestiert sich der

---

[1] Pschyrembel, 1997, S. 799, 800, 869, 1014, 1406

Tumor und breitet sich später weiter im Körper aus.[2] 25 Prozent aller Todesfälle in Deutschland gehen auf Tumorerkrankungen zurück.[3]

Ursachen für die Entstehung von Krebserkrankungen

Die Entstehung von Krebs kann durch verschiedene krebserregende (karzinogene) Substanzen oder Faktoren ausgelöst werden.[4][5] Die Entstehung von Krebserkrankungen ist in der Regel multifaktoriell bedingt.

Krebserzeugende Substanzen und Faktoren

Aflatoxin, Alkohol, Alkylanzien, Androgene, aromatische Amine, Arsen, Asbest, Benzol, Benzpyren, Beryllium, Cadmium, Chromat, Holzstaub, ionisierende und ultraviolette Strahlen, Mineralöl, Naphthylamin, Nickel, Nitrosamine, Östrogene, Pestizide, Phenobarbital, Phorbolester, Polyvinylchlorid, Polyzyklische Kohlenwasserstoffe, Ruß, Steinkohlenteer, Tabak, Übergewicht, bestimmte Viren, genetische Veranlagung, Alter, psychische Verfassung, Ernährungsweise

Symptome einer Krebserkrankung

Eine Krebserkrankung und deren Therapie kann zu zahlreichen Symptomen führen. Es können **Appetitlosigkeit, Schluckstörungen, Übelkeit, Erbrechen, Geschmackssinnstörungen** (führt dazu, dass bestimmte Lebensmittel abgelehnt werden, wie Fleisch, Eier, Käse), **Mundtrockenheit, Entzündung der Mundschleimhaut, Rachenentzündungen** und **Durchfall** auftreten. Dadurch wird meistens zu wenig Nahrung aufgenommen und es kommt folglich zu **Untergewicht**. Etwa 50 Prozent aller Tumorkranken leiden an einem ungewollten (!!!) Gewichtsverlust. Typisch ist eine **Tumorkachexie**. Dabei handelt es sich um einen starken Gewichtsverlust im Verlaufe der Krebserkrankung. Die Gewichtsabnahme ist aber nicht nur durch die geringere Nahrungsaufnahme bedingt, sondern auch durch körperliche Prozesse durch den Tumor und durch die Therapienebenwirkungen. Neben einer Steigerung des Ruheumsatzes sind auch Eiweiß-, Kohlenhydrat- und Fettstoffwechsel bei Tumorerkrankungen erhöht.[6]

---

[2] Pschyrembel, 1997, S. 799
[3] Springer Medizin Lexikon, 2004, S. 2185
[4] Pschyrembel, 1997, S. 799
[5] Springer Medizin Lexikon, 2004, S. 1105
[6] Kasper, 2004, S. 476

Therapie einer Krebserkrankung

Grundsätzlich schließt die Krebstherapie eine Ernährungstherapie ein. Diese soll Mangelerscheinungen vorbeugen, Tumorkachexie vorbeugen oder beheben sowie nebenwirkungsbedingte Ernährungsprobleme berücksichtigen. Eine Heilung einer Krebserkrankung durch eine Umstellung der Ernährungsweise erscheint ausgeschlossen. Die Therapie von Tumoren besteht aus einer **chirurgischen Entfernung des Tumorgewebes** sowie einer **Röntgen- und Laserbestrahlung**. Weiterhin kann eine Immuntherapie dem Betroffenen helfen, indem Tumorantigene verabreicht werden, die die Tumorzellen zerstören sollen. Zytokine hemmen das Zellwachstum von Tumorzellen, aber auch andere rasch wachsende Zellen wie Zellen von Haar, Schleimhaut und des blutbildendenden Systems. Selbst wenn der eigentliche Tumor entfernt worden ist, können einzelne Metastasen übrig bleiben, aus denen sich später erneut ein Tumor entwickeln kann.[7] Die **Chemotherapie** setzt Chemotherapeutika ein, die Infektionserreger und das Wachstum von Tumorzellen hemmen soll. Dazu gehören unter anderem Zytostatika, Antibiotika, Antimetabolite und Antimykotika. Eine Chemotherapie birgt zahlreiche Nebenwirkungen wie beispielsweise Übelkeit, Erbrechen, Durchfall, Verstopfung, Haarausfall und Schädigung der Keimzellen. Aber auch Nieren, Lungen, Leber, Nervensystem und Herz können in ihrer Funktion eine Beeinträchtigung erfahren.[8]

Ernährungstherapie bei Krebserkrankungen

Bei bereits entwickelten bösartigen Tumoren kann eine spezielle Ernährung den Verlauf kaum beeinflussen. Lediglich das allgemeine Befinden kann verbessert und eine Mangelernährung behoben werden. Ein normales Körpergewicht unterstützt die Therapie, stärkt das Immunsystem und verbessert die Lebensqualität. **Spezielle Ernährungsmaßnahmen sind unbedingt erforderlich, wenn**

---

[7] Springer Medizin Lexikon, 2004, S. 2197
[8] Springer Medizin Lexikon, 2004, S. 355-359

- o schon vor dem Therapiebeginn der Patient über 10 Prozent seines Normalgewichts verloren hat
  - o der Serumalbuminspiegel unter 3 g/dl, der Präalbuminspiegel unter 15 mg/dl liegt
  - o der Oberarmmuskelumfang und die Trizepshautfaltendicke weniger als 80 Prozent des normalen Maßes betragen
  - o 0,5 kg oder mehr Gewicht wöchentlich verloren wird
  - o mehr als drei Durchfälle innerhalb von 24 Stunden auftreten
  - o wenn sich der Patient mehr als einmal pro Tag erbrechen muss[9]

- **Erhöhung der Nahrungszufuhr**, die auf den Bedarf abgestimmt ist. Die Nahrungsaufnahme erfolgt oral, bei Schluckstörungen und sonstigen Komplikationen auch enteral oder parenteral.

  Energie: 35-50 kcal/kg Normalgewicht

  Eiweiß: 1,3-2,0 g/kg Normalgewicht

  Fett: 1,5-2,0 g/kg Normalgewicht

  Kohlenhydrate: 4-7 g/kg Normalgewicht

- Je nach Zustand des Patienten kann dieser eine **leichte Vollkost** bis hin zur **pürierten Kost** oder **Trinknahrungen** erhalten. Besonders bei Kau- und Schluckstörungen vertragen die Betroffenen besser breiige und flüssige Kost.
- Um möglichst viel Energie zuzuführen, eignen sich auch **energie- und nährstoffreiche Gerichte** (beispielsweise Süßspeisen, Milchmischgetränke, Formulanahrungen). Eine Anreicherung kann mit Sahne, Maltodextrin, Eiweißkonzentraten und vitaminreichen Fruchtsäften geschehen.
- Häufig **kleine Mahlzeiten**.
- **Viel trinken**, mindestens 3 Liter täglich. Bei Durchfall und Erbrechen mehr. Viel trinken hilft auch bei Mundtrockenheit.
- Bei einer Abneigung gegen Fleisch muss der **Eiweißbedarf** aus anderen Quellen gedeckt werden wie Fisch, Eier, Milch und Milchprodukte oder Soja.

---

[9] Heepe, 2002, S. 485

- **Vitamin- und mineralstoffreiche Ernährung**, besonders die Vitamine C, E und Karotine sowie die Mineralstoffe Kalium, Natrium, Magnesium, Zink.

- **Omega-3-Fettsäuren** wirken einer Kachexie entgegen. Sie sind vor allem in fettem Seefisch und Pflanzenölen enthalten wie Lein-, Raps- oder Walnussöl.[10]

- Bei der Einnahme von **Zytostatika** ist zusätzlich eine gute Hygiene im Umgang mit den Lebensmitteln zu achten.

- Grundsätzlich kann der Patient alles essen, was er möchte und verträgt (**Wunschkost**).

- Wenn keine Zunahme des Gewichtes erfolgt, muss die Nahrungszufuhr gegebenenfalls auf **enterale oder parenterale Ernährung** umgestellt werden.[11]

Da geschätzt wird, dass für etwa ein Drittel aller Krebsfälle Ernährungsfaktoren verantwortlich sind, ist es von großer Bedeutung, mit Hilfe einer krebshemmenden Ernährungsweise und der Meidung von krebserregenden Nahrungsmitteln einer Krebserkrankung vorzubeugen. Bei einer **krebspräventiven Kost** sollten folgende Aspekte beachtet werden:

- Der **Energie-, Makro- und Mikronährstoffgehalt** sollte den Empfehlungen der DGE entsprechen. Günstig ist eine lebenslang hauptsächlich vegetarische Ernährung. Überernährung gilt es zu vermeiden.

- Nicht über 30 Prozent der Energie in Form von **Fett** aufnehmen. Dazu den Verzehr von gesättigten Fettsäuren einschränken zugunsten von ungesättigten Fettsäuren. Das bedeutet eine Reduktion von Fleisch, Wurst, fetten Milchprodukten und die Verwendung von hochwertigen Pflanzenölen wie Raps-, Oliven-, Lein- oder Walnussöl.

- Übermäßigen **Fleischverzehr** herabsetzten, denn außer den schlechten gesättigten Fettsäuren enthält es viel Eiweiß. Die Eiweißzufuhr sollte nur dem Bedarf von 0,8 g/kg Körpergewicht entsprechen. In den westlichen Industrieländern liegt die Eiweißaufnahme meist weit darüber. Der Eiweißbedarf sollte lieber vermehrt mit Sojaprodukten und fettarmen Milchprodukten gedeckt Milchprodukten gedeckt werden. Weiterhin wird bei einem hohem Fleischverzehr reichlich Eisen aufgenommen, was zu

---

[10] Kasper, 2004, S. 477
[11] Heepe, 2002, S. 485/486

einer Eisenüberladung des Körpers führen kann. Möglicherweise kommt es dadurch zu einer verstärkten Bildung freier Radikale wodurch wiederum das Krebsrisiko steigt.[12]

- Reichlich **Vitamine** zuführen, insbesondere Vitamin A, C, E, ß-Karotin und Folsäure. Am besten in Form von viel **Gemüse, Obst und Vollkornprodukten**, denn diese Lebensmittel enthalten zugleich auch massenhaft **Nahrungsfasern**, von denen möglichst 40 g täglich zugeführt werden sollten, da sie das Kolonkarzinomrisiko senken. Ferner sind viele **Sekundäre Pflanzenstoffe** enthalten, wie Flavonoide, Karotinoide, Glukosinolate und Sulfide, die eine antikanzerogene Wirkung besitzen.

- Den Konsum von **Alkohol** einschränken.

- Nicht mehr als 5 bis 6 g **Kochsalz** täglich aufnehmen und die Verwendung von **scharfen Gewürzen** reduzieren.

- **Suppen und Getränke nicht zu heiß** konsumieren.

- **Erkrankungen** wie krankhaftes Übergewicht, dauerhafte Verstopfung, Hypercholesterinämie und Hypertriglyzeridämie beheben.

- Um keine kanzerogenen Substanzen wie beispielsweise **polyzyklische aromatische Kohlenwasserstoffe** oder **Acrylamid** aufzunehmen, vermeiden von Räucherwaren, hocherhitzten Lebensmitteln (über 185 °C), Fleisch in direkter Flamme garen, verkohlte Oberflächen von Grillgut und den Verzehr von angebrannten Brotkrusten usw. Deswegen vorsicht beim Backen, Frittieren, Braten und Grillen. Schonende Garverfahren stellen Dünsten und Dämpfen dar.

- Auch die krebserregenden **N-Nitrosoverbindungen** und deren Vorstufen sollten gemieden werden, indem der Verbraucher gepökelte Waren meidet und sie auf gar keinen Fall brät oder grillt (beispielsweise Kasseler). Nitrathaltigen Schnittkäse nicht zum Überbacken benutzen. Vorsicht mit Gemüse von überdüngtem Boden, da dieses mit Nitrat angereichert ist. Auch im Trinkwasser können größere Mengen an Nitrat sein.

- **Mykotoxine**, zu denen auch das schädliche Aflatoxin zählt, stellen einen kanzerogenen Faktor dar. Deshalb verschimmelte und angefaulte Lebensmittel immer wegwerfen. Eine Ausnahme bildet der Kulturschimmel auf Käse, der mitgegessen wird.[13]

---

[12] Kasper, 2004, S. 454
[13] Heepe, 2002, S. 341/342

Es gibt wahrscheinlich keine "Krebsdiät"

Grundsätzlich kann es keine Krebsdiät geben, die einen therapeutischen Effekt auf alle Tumorentitäten nehmen kann. Nach Einschätzung der nationalen Fachgesellschaften spielt die TKLT1-/Budwig-Diät oder andere ketogene Ernährungsformen keine wirklich wichtige Rolle im therapeutischen Konzept zur Behandlung von Krebserkrankungen. In jedem Falle ist wissenschaftlich auf diesem Gebiet noch viel Arbeit vorliegend, bevor Diätkonzepte für spezielle Tumorentitäten eingeführt werden können und in medizinische Leitlinien Einzug finden. Die Aufgabe der Ernährung ist eine ausreichende Versorgung mit lebenswichtigen Nähr- und Wirkstoffen, die der Gesundheitserhaltung und –förderung dient. Jede einseitige Ernährungsweise, sei es im Mangel oder im Überfluss an bestimmten Inhaltsstoffen birgt Risiken im Hinblick auf eine Vielzahl von Erkrankungen. In der Regel lassen sich ernährungs(mit)bedingte Erkrankungen wie Herz-Kreislauf-, Nieren-, Magen- oder Darmerkrankungen durch eine spezielle Ernährungstherapie sowohl in ihrem Verlauf, als auch in ihrer Heilung gut beeinflussen. Doch die Krebsentstehung und –ausbreitung ist nicht durch die Ernährung allein beeinflussbar, sondern ein komplizierter und vielschichtiger Prozess, der sich mit einer Diät allein nicht bekämpfen lässt. In den letzten Jahrzehnten wurden zahlreiche Krebsdiäten veröffentlicht, deren Wirksamkeit jedoch bis heute nicht bewiesen werden konnte.

Krebsdiäten, deren Wirksamkeit wissenschaftlich nicht bewiesen werden konnten (bei den grau hinterlegten ist mit gefährlichen Nebenwirkungen zu rechnen):
• Milchsäurekost nach Kuhl
• Ernährungstherapie bei Krebspatienten nach Zabel
• Rote-Bete-Therapie nach Schmidt
• "Krebstherapie" nach Gerson
• Harnsäure-Diät nach Bircher-Benner
• Insulindiät nach Leupold
• makrobiotische Ernährungsweise nach Oshawa und Kushi
• Fastenkuren
• TKLT1-Diät ?

- Budwig-Diät (Leinöl-Quark-Diät/Öl-Eiweiß-Diät) ?
- Ketogene Ernährungsweise ?

Einige Kostformen entsprechen einer ausgewogenen, nährstoffreichen Ernährungsweise, können aber nicht als Krebsdiät gewertet werden. Nach dem derzeitigen Wissensstand gibt es keine Diät, die eine medizinische Behandlung einer vorhandenen Krebserkrankung ersetzen kann. Vielmehr sollte das Augenmerk auf eine Kost gerichtet werden, die typische Begleiterscheinungen und Nebenwirkungen einer Krebstherapie berücksichtigt. Häufig löst eine Chemo- oder Strahlentherapie dauerhafte Beschwerden an den Verdauungsorganen aus, die ihrerseits zu Ernährungsproblemen führen. Davon zu unterscheiden ist die Form der Tumorkachexie (Auszehrung), die durch eine drastische Gewichtsabnahme im Verlauf der Therapie gekennzeichnet ist und unter Umständen zu einer lebensbedrohlichen Lage des Patienten führen kann. Dazu zählen unter anderem

- Appetitlosigkeit
- Abneigung gegen Fleisch und Wurst
- Schluckbeschwerden
- rasches Völlegefühl

In diesem Zusammenhang können Ernährungsempfehlungen, die auf eine ausgewogene Mischkost ausgerichtet sind, kontraindiziert sein, da diese Empfehlungen den Energiebedarf des Krebspatienten häufig nicht decken können. Eine Ernährungstherapie ist dann sinnvoll, wenn Erkrankungsform, -verlauf und –stadium berücksichtigt werden und auf die jeweilige medizinische Behandlung abgestimmt sind!

Praxistipps:
- häufig kleine Mahlzeiten einnehmen
- langsam essen und intensiv kauen
- pflanzliche Fette und Öle verwenden
- leicht verdauliche Kohlenhydrate bevorzugen (Hirse, Breie, Reis, Vollkornnudeln, Knäckebrot, Vollkornzwieback) und frisches Brot vermeiden
- reichlich trinken

- Lebensmittel meiden, die nicht vertragen werden

- sehr fette und süße Speisen meiden

- gedünstetes Gemüse bevorzugen (Möhren, Kohlrabi, Zucchini, Spargel) und blähende Gemüse meiden (Erbsen, Bohnen, Linsen, Kohl)

- reifes Obst bevorzugen (Erdbeeren, Himbeeren, Bananen, Kernobst, Steinobst) und säurereiches Obst meiden (Zitrusfrüchte, Johannisbeeren, Stachelbeeren, Rhabarber)

- scharfe Lebensmittel meiden, ebenso salzige und gebratene Waren

- Kaffee meiden

Diese Empfehlungen entsprechen weitestgehend der Vollwertkost, die Verdauungsprobleme mildern und den Magen-Darm-Trakt schonen soll. Bei Patienten, die eine Chemotherapie vollzogen haben, treten häufig Nebenwirkungen der Chemotherapeutika wie Übelkeit, Brechreiz und Erbrechen auf. Diese sind Folge der direkten Wirkung der Zytostatika auf das Brechzentrum im Gehirn, können aber auch psychischer Natur sein. In solchen Fällen sind die Ernährungsrichtlinien auf die Therapie abzustimmen. So genannte Antimetika sind gegen Übelkeit und Erbrechen wirksam. Nach einer Chemotherapie oder Strahlenbehandlung ist das Immunsystem meist stark angegriffen. Hier sind unter Umständen besondere hygienische Maßnahmen erforderlich. Im Vordergrund der Ernährungstherapie steht die Energieversorgung sowie die Stärkung des Immunsystems und damit die Gewährleistung der körpereigenen Abwehr. In jedem Falle sollte eine Nahrungsergänzung oder aber eine enterale Ernährung mit dem Arzt besprochen werden.

Ernährung bei Untergewicht und Tumorkachexie

Chemo- und Strahlentherapien, psychische Folgen einer Krebserkrankung sowie chronische Krebserkrankungen sind häufig mit einem massiven Gewichtsverlust verbunden. Veränderungen des Hunger- und Sättigungsgefühls, ein veränderter Stoffwechsel des Körpers und Fieber bzw. Entzündungen lassen eine optimale Versorgung des Körpers mir Nähr- und Wirkstoffen nicht mehr zu. Der Körper wird nicht mehr ausreichend mit Energie versorgt. Zudem ist der Umsatz eines Krebspatienten häufig um das 2 bis 3-fache erhöht. Die Energie- und Nährstoffversorgung stellt somit das Hauptkriterium der Ernährung von Kachexiepatienten dar. Eine fett- und eiweißreiche Kost gewährleistet eine hohe Kalorienaufnahme und beugt dem weiteren Abbau von wertvollem Muskelprotein vor. Auch ist auf die ausreichende Versorgung von Vitaminen, Mineralstoffen und sekundären Pflanzenstoffen zu achten.

Praxistipps:

- Lebensmittelvorräte anlegen (von Lebensmitteln bei Appetit "verführen" lassen)
- den Tisch anregend decken und gestalten
- vollwertige Stärkeprodukte bevorzugen (Naturreis, Vollkornnudeln, Vollkornbrot)
- fettreiche Lebensmittel verwenden (Käse, Sahne, Wurst, Nüsse und Samen, Fettfische und Fleisch)
- Quellstoffe verwenden
- Ballaststoffe bei Durchfallerkrankungen bevorzugen
- reichlich trinken (Gemüse- und Obst, Säfte, Milchmixgetränke)

Viele Tumorpatienten entwickeln im Laufe der Krebstherapie eine Abneigung gegen Eiweißquellen. Gleichzeitig liegen aufgrund der Zerstörung der Tumorzellen erhöhte Harnsäurewerte vor. Damit ist die Gefahr der Entwicklung von Gicht gegeben. Harnsäure oder besser gesagt Purine, werden über Lebensmittel aufgenommen. Bei dem Verzicht harnsäurehaltiger Lebensmittel kann der Entstehung von Gicht vorgebeugt werden. Milch und Milchprodukte sowie Eier sind relativ purinarm, Fleisch und Fleischprodukte sowie Innereien dagegen reich an Purinen und daher zu meiden. Auch Alkohol sollte vermieden werden.

Warburg-Hypothese als Grundstein vieler Krebsdiäten

Die TKLT1-Diät gehört zu den modernen Krebsdiäten, die auf der Warburg-Hypotheke beruhen. Der Deutsche Nobelpreisträger Prof. Dr. Otto Warburg fand schon 1924 heraus, Krebszellen zur Gewinnung von Energie nicht den normalen Weg der „Glukoseverbrennung" einschlagen, sondern Traubenzucker auch in Anwesenheit von Sauerstoff zu Milchsäure „vergären". 1931 erhielt der Biochemiker, Arzt und Physiologe den Nobelpreis für Medizin ("for his discovery of the nature and mode of action of the respiratory enzyme"). Warum die Krebszellen die Glucoseverbrennung „abschalten", konnte Warburg aber nicht erklären. Der Deutsche Wissenschaftler Dr. Johannes F. Coy entdecke 1995 am Deutschen Krebsforschungszentrum in Heidelberg das Enzym Transketolase-like 1 (TKTL1), welches einen alternativen Stoffwechselweg in der Zelle ermöglicht. Die Transketolase ist ein

Schlüsselenzym im nicht-oxidativen Abschnitt des Pentosephosphatstoffwechsels. Der

Pentosephosphatweg ist ein multifunktionaler Stoffwechselweg, dem bisher 3 Aktivitäten

zugeschrieben werden und deren jeweilige Intensität vom Gewebetyp sowie

vom Stoffwechselzustand der Zelle abhängt. Die erste Funktion dieses Stoffwechselweges ist

die Bereitstellung von Reduktionskraft in Form von NADPH, die lebenswichtig für die

synthetischen Prozesse auf Zellebene ist. Der Pentosephosphatweg dient weiterhin der

Bereitstellung von Ribosen. Dies sind Zuckermoleküle, die Grundbausteine der

Nukleinsäuren und damit der Erbsubstanz darstellen. Zum Dritten vollzieht der

Pentosephosphatweg die Umwandlung von Pentosen in Hexosen, die dem glykolytischen

Abbau zu Pyruvat (Brenztraubensäure) zugeführt werden. In der menschlichen Erbsubstanz

konnten bislang 3 Transketolase-Gene (TKT, TKTL1, TKTL2) identifiziert werden. Jedoch

wurde bisher nur für TKTL1 eine Überexprimierung in Tumorgeweben nachgewiesen. Das

TKTL1-Gen ist scheinbar infolge einer Mutation gegenüber den anderen Transketolase-

Genen verändert. Durch dieser Veränderung ist das Enzym in der Lage, unübliche und für

den Menschen bislang nicht beschriebene biochemische Reaktionen zu katalysieren. Das

TKTL1-Enzym ist in jenen Geweben aktiv, in denen bereits Warburg die Vergärung von

Traubenzucker zu Milchsäure in Anwesenheit von Sauerstoff beobachten konnte. Verglichen

mit der von den meisten gesunden Zellen genutzten Glucoseverbrennung ermöglicht die

Vergärung den Tumorzellen auch dann Energie zu gewinnen, wenn die Sauerstoffversorgung

unterbrochen oder eingeschränkt ist. Da die Vergärung bei weitem nicht so effizient wie die

Verbrennung ist, nehmen gärende Krebszellen das 20- bis 30-fache an Glukose im Vergleich

zu gesunden nicht vergärenden Körperzellen auf. Jedoch verschafft die Vergärung den

Tumorzellen einen selektiven Vorteil, so lange Glucose in unbegrenzter Menge zur

Verfügung steht. Nach Coy können Krebserkrankungen in zwei verschiedene Klassen

unterteilt werden:

• in Krebszellen, die Glucose verbrennen (TKTL1-negativ)

• in Krebszellen, die Glucose vergären (TKTL1-positiv)

Durch einen Nachweis des TKTL1-Enzyms in Tumorzellen lassen sich nun solche

Krebspatienten identifizieren, bei denen eine Hemmung des TKTL1-

Glukosestoffwechselweges sinnvoll sein könnte. Zusammenfassend lässt sich feststellen, dass TKTL1-positive aggressive Tumorzellen sowohl durch eine ernährungsbedingte Reduktion des Zuckerangebotes als auch durch die Gabe von Transketolase-Hemmstoffen (Oxythiamin oder anderen Transketolase-Hemmstoffen) beeinflusst werden können. Für die Planung der Therapie ist es daher von höchstem Interesse, Patienten mit TKTL1-positiven Tumoren diagnostizieren zu können. Bei TKLT1-positiven Krebszellen empfiehlt Coy eine glukosearme Ernährungsweise. Dabei werden Saccharose, Maltose, Polysaccharide auf Stärkebasis sowie Glukose extrem eingeschränkt. Die Energiebedarfsdeckung findet vornehmlich auf Basis von Lipiden, Fruktose und Proteinen statt und ist damit der Budwig-Diät zumindest ähnlich. Dadurch soll den spezifischen Krebszellen die Energie- und damit Lebensgrundlage entzogen werden. Sie sollen sozusagen ausgehungert werden.

Kontra TKLT1-Diät

Die Deutsche Gesellschaft für Ernährung nahm bereits 2010 in der DGEinfo 06/2010 – Beratungspraxis auf Basis einer Stellungnahme der Deutschen Krebsgesellschaft zur „Anti TKTL1-Diät" Stellung: Durch eine Ernährungsumstellung auf eine kohlenhydratarme, fettreiche Kostform unter dem Einsatz spezieller, nicht deklarierter Lebensmittel („mit besonderen Kohlenhydratquellen") sollen Krebspatienten das Wachstum und die Metastasierung von Tumoren verhindern können. Diese Kostform wird als „Anti TKTL1-Diät" bezeichnet. Eine Bewertung der Diät hat die Deutsche Krebsgesellschaft e. V. in einer aktuellen Stellungnahme vorgenommen.

Grundlage der Empfehlung ist die Behauptung, dass Glucose zur Aggressionssteigerung einer Krebszelle beiträgt, wenn die Energiegewinnung in der Zelle durch Gärung und nicht durch Verbrennung stattfindet. Ein Vorgang, den man bevorzugt in Sauerstoffmangelversorgten Tumoren beobachten könne. Dabei soll das Gen Transketolase-like-1 (TKTL1) eine entscheidende Rolle spielen. Sind Krebszellen TKTL1-positiv, fände die Energiegewinnung durch Vergärung mit dem Endprodukt Milchsäure statt, die u. a. Wachstum und Metastasenbildung des Krebsgeschwürs begünstigen soll. Mit der Ernährungsumstellung könne diesem Prozess entgegen gewirkt werden, indem aggressive Krebszellen „ausgehungert" würden.

Die Deutsche Krebsgesellschaft e. V.

(http://www.krebsgesellschaft.de/news_detail,,,137752.html?markierung=tktl1) **nimmt**

dazu folgendermaßen Stellung:

1. Zum jetzigen Zeitpunkt gibt es keine wissenschaftliche Untersuchung, die belegt, dass eine derartige Kostform mit den dazu verkauften Lebensmitteln Wachstum und Metastasierung eines Tumors beim Menschen verhindern bzw. zurückdrängen kann. Bisher liegt dazu nur eine Arbeit mit einem Mausmodell vor. Hierbei wurde das Tumorwachstum lediglich verzögert. Tierversuche sind aber auf den Menschen nur sehr eingeschränkt übertragbar.

2. Tumorzellen können sich prinzipiell von allen Substraten ernähren, auch von Protein bzw. Aminosäuren, Fett bzw. Fettsäuren, Lactat und sogar Ketonkörpern.

3. Ein Gärungsstoffwechsel ist bei vielen (meistens Sauerstoff-verarmten) Tumorarten nachgewiesen. Aber nicht jeder Tumor einer Krebsart zeigt auch einen deutlich ausgeprägten Gärungsstoffwechsel. Eine derartige Ernährungsform wäre daher nur bei Patienten mit solchen Tumoren sinnvoll, die Glucose verstärkt verstoffwechseln. Dies müsste erst für jeden einzelnen Tumor durch entsprechende Stoffwechseluntersuchungen festgestellt werden.

4. Die Funktionen des TKTL1-Proteins bei einer Tumorerkrankung sind nicht geklärt und noch Gegenstand intensiver Forschung. TKTL1 ist nicht tumorspezifisch und auch in Normalgeweben nachweisbar, z. B. in normalem Brustgewebe und weiteren Geweben.

5. Die scheinbare enzymatische Aktivität des TKTL1-Proteins ist nur in einem indirekten, gekoppelten Assay durch die Entstehung von $NADH^+$ H+ beschrieben, nicht jedoch – wie für Enzyme üblich – durch den eindeutigen, direkten analytischen Nachweis der Reaktionsprodukte. Zudem muss das Protein hierzu in biochemisch reiner Form eingesetzt werden, damit Falschinterpretationen ausgeschlossen werden können. Beides ist in der Literatur momentan nicht beschrieben, und es bedarf erst noch des einwandfreien biochemischen Nachweises, dass TKTL1 tatsächlich eine eigene Transketolaseaktivität besitzt.

6. Ein Nachweis von aktivierten Makrophagen, die „Bruchstücke von Tumorzellen enthalten sollen" (z. B. durch den EDIM-TKTL1-Bluttest), ist ein unspezifischer

Hinweis, mit dem kein sicherer Rückschluss auf einen vorhandenen Tumor oder auf bestimmte Tumoreigenschaften möglich ist.

Zum derzeitigen Zeitpunkt kann eine Anwendung der „Anti TKTL1-Diät" nicht empfohlen werden. Die Ernährung eines Tumorpatienten darf kohlenhydratarm sein, wenn eine derartige Ernährung überhaupt nebenwirkungsfrei möglich ist.

Krebserkrankungen können unter Umständen auf eine spezielle Ernährungstherapie anspringen. Es ist jedoch unverantwortlich, wenn dieser besonders belasteten Patientengruppe falsche Versprechungen gemacht werden. Vor dem Hintergrund der vorliegenden Studien kann eine ketogene Ernährungsweise nicht empfohlen werden. Sie ist maximal eine ernährungstherapeutische Option. Keinesfalls kann diese andere Maßnahmen im Therapiekonzept von Krebspatienten ersetzen, sondern maximal ergänzen. Von besonderer Wichtigkeit ist es, Tumorpatienten vor der Kachexie zu bewahren. Es darf niemals vergessen werden, dass eine ketogene Diät auch Nebenwirkungen haben kann und nicht in jedem Falle alltagstauglich und wohlschmeckend ist. Weitere Studienergebnisse bleiben abzuwarten bis spezielle Tumordiäten, die für besondere Tumorentitäten oder Patientengruppen Effekte erwarten lassen, auch von den Fachgesellschaften anerkannt werden.

Verfasser: Dr. h.c. (AM) Sven-David Müller, M.Sc.

Medizinjournalist und Gesundheitspublizist

Master of Science in Applied Nutritional Medicine

staatlich anerkannter Diätassistent

Diabetesberater der Deutschen Diabetes Gesellschaft

Zentrum und Praxis für Ernährungskommunikation, Diätberatung

und Gesundheitspublizistik (ZEK)

1. Vorsitzender des Deutschen Kompetenzzentrum Gesundheitsförderung und Diätetik e.V.

Ostheimer Straße 27d in 61130 Nidderau bei Frankfurt am Main

Telefon 06187 9948600, Handy 0172-3854563

www.svendavidmueller.de

www.muellerdiaet.de

www.dkgd.de